Marius Strobl

Messung und Prüfung der elektromagnetischen Verträglichkeit (EMV) von Fahrzeugkomponenten mit der Streifenleitung

GRIN Verlag

Bibliografische Information der Deutschen Nationalbibliothek:

Die Deutsche Bibliothek verzeichnet diese Publikation in der Deutschen Nationalbibliografie; detaillierte bibliografische Daten sind im Internet über http://dnb.d-nb.de/ abrufbar.

Impressum:

Druck und Bindung: Books on Demand GmbH, Norderstedt Germany
ISBN: 978-3-656-53178-4

Dieses Buch bei GRIN:

http://www.grin.com/de/e-book/262784/messung-und-pruefung-der-elektromagnetischen-vertraeglichkeit-emv-von

Messung und Prüfung der elektromagnetischen Verträglichkeit (EMV) von Fahrzeugkomponenten mit der Streifenleitung

Marius Strobl

30. September 2013

Dieser technische Bericht erläutert die in IEC CISPR 25 spezifizierten Störaussendungsmessungen sowie die in ISO 11452-5 genormten Störfestigkeitsprüfungen mit der Streifenleitung zur Qualifizierung der elektromagnetischen Verträglichkeit (EMV) von Fahrzeugkomponenten in der Automobiltechnik.

Inhaltsverzeichnis

Abbildungsverzeichnis v

Tabellenverzeichnis vii

1 Einleitung 1

2 Störaussendungsmessungen mit der Streifenleitung 5

2.1 Grundlagen 5

2.2 Messaufbau und Messmittel 7

2.3 Durchführung von Messungen 12

3 Störfestigkeitsprüfungen mit der Streifenleitung 15

3.1 Grundlagen 15

3.2 Prüfaufbau und Prüfmittel 16

3.3 Durchführung von Prüfungen 19

Anhang

A Bordnetznachbildung gemäß IEC CISPR 25 21

A.1 Impedanzcharakteristik 21

A.2 Schaltplan 22

B Streifenleitungen gemäß IEC CISPR 25 23

B.1 50-Ω-Streifenleitung 23

B.2 90-Ω-Streifenleitung 24

C Messempfängerparameter und Störaussendungsgrenzwerte gemäß IEC CISPR 25 25

C.1 Messempfängerparameter 25

C.2 Störaussendungsgrenzwerte für Peak- und Quasi-Peak-Messungen mit Streifenleitungen 26

C.3 Störaussendungsgrenzwerte für Average-Messungen mit Streifenleitungen 27

D Prüfparameter gemäß ISO 11452-1 und ISO 11452-5 **29**

D.1 Schrittweiten gemäß ISO 11452-1 29

D.2 Schweregrade gemäß ISO 11452-5 29

D.3 Frequenzbereiche gemäß ISO 11452-5 30

Quellenverzeichnis **31**

Abkürzungsverzeichnis **35**

Abbildungsverzeichnis

2.1 Schematischer Prüfaufbau mit einer Streifenleitung 6
2.2 Schematischer Aufbau einer TEM-Zelle 6
2.3 Schematischer Messaufbau mit einer Streifenleitung gemäß IEC CISPR 25:2008 8
2.4 Funktionsblockdiagramm eines Messempfängers gemäß IEC CISPR 16-1-1:2010 10
2.5 Arbeitsweise eines Messempfängers 11
2.6 Ergebnis einer Störaussendungsmessung mit der Streifenleitung nach IEC CISPR 25:2008 14

3.1 Verteilung des elektrischen und des magnetischen Feldes in einer Streifenleitung 16
3.2 Schematischer Prüfaufbau mit einer Streifenleitung gemäß ISO 11452-5:2002 17
3.3 Prüfsignale gemäß ISO 11452-1:2005 18

A.1 Impedanzcharakteristik einer Bordnetznachbildung gemäß IEC CISPR 25:2008 21
A.2 Schaltplan einer Bordnetznachbildung gemäß IEC CISPR 25:2008 . . . 22

B.1 Aufbau und Maße einer 50-Ω-Streifenleitungen gemäß IEC CISPR 25:2008 23
B.2 Aufbau und Maße einer 90-Ω-Streifenleitungen gemäß IEC CISPR 25:2008 24

Tabellenverzeichnis

C.1 Messempfängerparameter gemäß IEC CISPR 25:2008 25
C.2 Störaussendungsgrenzwerte für Peak- und Quasi-Peak-Messungen mit Streifenleitungen gemäß IEC CISPR 25:2008 26
C.3 Störaussendungsgrenzwerte für Average-Messungen mit Streifenleitungen gemäß IEC CISPR 25:2008 27

D.1 Schrittweiten gemäß ISO 11452-1:2005 29
D.2 Schweregrade gemäß ISO 11452-5:2002 29
D.3 Frequenzbereiche gemäß ISO 11452-5:2002 30

1 Einleitung

„Die EMV Mess- und Prüftechnik ist

- *eine Wissenschaft verschwommener Annahmen*
- *sie stützt sich auf anfechtbare Werte*
- *die als Ergebnis erfolgloser Experimente*
- *mit Instrumenten problematischer Genauigkeit*
- *von Personen zweifelhafter Zulässigkeit*
- *und fragwürdiger Geisteshaltung*

ermittelt wurden." — [27, S. 22]

Wie das einleitende Zitat nahelegt, handelt es sich bei Messungen und Prüfungen zur elektromagnetischen Verträglichkeit (EMV) beziehungsweise Electromagnetic Compatibility (EMC) um keine einfache Thematik. Neben der EMV-gerechten Entwicklung – zum Beispiel durch entsprechende räumliche Gestaltung der Layouts von Schaltungen – gehören EMV-Messungen und -Prüfungen sowie die Berücksichtigung der daraus gewonnen Erkenntnisse jedoch zu den wesentlichen Maßnahmen zum Erreichen von EMV. Unter Letzterer ist gemäß der Kurzdefinition nach der zum Stand September 2013 geltenden Europäischen EMV-Richtlinie 2004/108/EG [3] Folgendes zu verstehen:

> *„[...] die Fähigkeit eines Betriebsmittels, in seiner elektromagnetischen Umgebung zufrieden stellend zu arbeiten, ohne dabei selbst elektromagnetische Störungen zu verursachen, die für andere Betriebsmittel in derselben Umgebung unannehmbar wären".* — [3]

Abgesehen von der Sicherstellung der eigentlichen Funktion – auch im Sinne der Produkthaftung nach dem Produkthaftungsgesetz [2] – ihrer Produkte, ist es für die Industrie in Bezug auf die EMV daher wichtig, die relevanten EMV-Normen zu erfüllen. Letztere haben an sich keinen bindenden Charakter. Die zumindest für den Europäischen Wirtschaftsraum gesetzlich verpflichtenden Europäischen EMV-Richtlinien verweisen darauf jedoch als international anerkannten Stand der Technik (Vgl. Punkt 13 [3]).

Zur Qualifizierung von Fahrzeugen und deren Komponenten sind folglich deren EMV durch Messung von Störaussendung und Prüfung auf Störfestigkeit gemäß den für die Automobiltechnik maßgebenden Normen zu ermitteln. Die zum gegenwärtigen Stand geltende Europäischen Kraftfahrzeug-EMV-Richtlinie 2004/104/EG [5] und deren Ergänzung 2005/83/EG [6] – welche Teil der Europäischen Gesetzgebung für die Typzulassung von Fahrzeugen sind – legen hierzu in Anlage 1 folgendes Normenverzeichnis fest:

1. IEC CISPR 12 [10]
   „Fahrzeuge, Boote und von Verbrennungsmotoren angetriebene Geräte – Funkstöreigenschaften – Grenzwerte und Messverfahren"
2. IEC CISPR 16-1-1 [11]
   „Anforderungen an Geräte und Einrichtungen sowie Festlegung der Verfahren zur Messung der hochfrequenten Störaussendung (Funkstörungen) und Störfestigkeit, Teil 1: Geräte und Einrichtungen zur Messung der hochfrequenten Störaussendung (Funkstörungen) und Störfestigkeit"
3. IEC CISPR 25 [14]
   „Grenzwerte und Messverfahren für Funkstörungen zum Schutz von Empfängern in Fahrzeugen"
4. ISO 7637-1 [15]
   „Straßenfahrzeuge, elektrische Störungen durch Leitung und Kopplung, Teil 1: Allgemeines und Definitionen"
5. ISO 7637-2 [16]
   „Straßenfahrzeuge, elektrische Störungen durch Leitung und Kopplung, Teil 2: Electrical transient conduction along supply lines only on vehicles with nominal 12 V or 24 V supply voltage"
6. DIN EN ISO/IEC 17025 [25]
   „Allgemeine Anforderungen an die Kompetenz von Prüf- und Kalibrierungslaboratorien"

7. ISO 11451
   „Straßenfahrzeuge – Elektrische Störungen durch schmalbandige gestrahlte elektromagnetische Energie, Fahrzeugprüfverfahren"

   Teil 1 [17]: *„Allgemeines und Definitionen"*

   Teil 2 [18]: *„Störstrahlungsquellen außerhalb des Fahrzeugs"*

   Teil 4 [19]: *„Einspeisung in den Kabelbaum (BCI)"*

8. ISO 11452
   „Straßenfahrzeuge – Elektrische Störungen durch schmalbandige gestrahlte elektromagnetische Energie, Prüfverfahren für Komponenten"

   Teil 1 [20]: *„Allgemeines und Definitionen"*

   Teil 2 [21]: *„Absorberraum"*

   Teil 3 [22]: *„Transversal-Elektro-Magnetischer (TEM)-Wellenleiter"*

   Teil 4 [23]: *„Stromeinspeisung (BCI)"*

   Teil 5 [24]: *„Streifenleitung"*

9. ITU-R
   „Vollzugsordnung für den Funkdienst"

Neben getrennten Normen zu Methoden für Störaussendungsmessungen und Störfestigkeitsprüfungen teilt sich diese Liste weiter auf in Standards, die das gesamte Kraftfahrzeug (Fernstörung) oder nur dessen Komponenten (Eigenstörung) betreffen. Für Letztere sind konkret die Normen IEC CISPR 25 [14] für Störaussendungsmessungen und die Normenfamilie ISO 11452 für Störfestigkeitsprüfungen maßgebend.

Während durch die Festlegungen der Gesetzgebung die in diesem Fall relevanten Normen sehr einfach zu ermitteln sind, verursacht die Definition des Standes der Technik anhand dieser Normen allerdings Schwierigkeiten. Zum einen beschreiben diese Werke im Wesentlichen nur die für EMV-Messungen und -Prüfungen anzuwendenden Verfahren, gehen dabei aber in aller Regel nicht auf die zu Grunde liegenden technischen Zusammenhänge oder gar die physikalischen Hintergründe ein. Dies liegt einerseits an der Natur von Normen, andererseits aber auch daran, dass die Anwendbarkeit dieser Methoden zum Teil empirisch ermittelt wurde. Dies wird besonders bei den in ISO 11452-4 [23] für Komponenten sowie in ISO 11451-4 [19] sogar für ganze

Fahrzeuge spezifizierten EMV-Prüfungen per Stromeinspeisung respektive Bulk Current Injection (BCI) deutlich. Obwohl es insgesamt um die Prüfung der Störfestigkeit gegenüber gestrahlter elektromagnetischer Energie geht, wird bei diesem Verfahren ersatzweise der dabei resultierende Strom direkt induktiv in den Kabelbaum des Prüflings beziehungsweise des Device Under Test (DUT) oder Equipment Under Test (EUT) eingekoppelt. Ähnlich verhält es sich mit den in der Norm IEC CISPR 16-1-2 [13, S. 49 ff.] – welche von den in der Europäischen Kraftfahrzeug-EMV-Richtlinie aufgeführten relevanten Werken referenziert wird – spezifizierten Vorgehensweisen zum Umwickeln von Prüflingen mit Metallfolie, um die Effekte einer menschlichen Hand nachzubilden.

Zum anderen entsteht durch den Normierungsprozess inklusive Harmonisierung ein zeitlicher Versatz zu den technischen Anforderungen in der Gegenwart. So legt die nach wie vor aktuelle Norm IEC CISPR 25:2008 [14, S. 8] die zu messenden Frequenzbereiche auf 150 kHz bis 2,5 GHz fest. Es existieren jedoch digitale Mobilfunk- und Navigationssysteme – die entweder direkt in Fahrzeugen verbaut oder zumindest darin benutzt werden können –, welche außerhalb dieses Frequenzbereiches arbeiten. Beispielsweise verwendet das Navigationssystem Differential Global Positioning System (DGPS) zur Erhöhung der Genauigkeit zusätzlich zum Satellitensignal des Global Positioning System (GPS) ein 122,5-kHz-Korrektursignal einer Referenzstation auf dem Boden. Das satellitengestützte Mobilfunksystem Iridium hingegen verwendet verschiedene Frequenzbänder im Bereich zwischen 2,5 GHz und 30 GHz, welche – wie andere *„neue Dienste“* auch – von den derzeit für die Automobiltechnik gültigen EMV-Normen noch nicht berücksichtigt werden (Vgl. [8]).

Im weiteren Verlauf werden die Methoden und Vorgehensweisen zu den in IEC CISPR 25 spezifizierten Störaussendungsmessungen sowie den in ISO 11452-5 genormten Störfestigkeitsprüfungen von Fahrzeugkomponenten mit der Streifenleitung theoretisch näher erläutert.

2 Störaussendungsmessungen mit der Streifenleitung

Auf Grund der Verfügbarkeit beziehen sich die folgenden Ausführungen auf die zum gegenwärtigen Stand aktuelle Norm IEC CISPR 25:2008 [14] und nicht wie in 2005/83/EG [6] angegeben auf IEC CISPR 25:2002.

2.1 Grundlagen

Bei der in Abbildung 2.1[1] schematisch dargestellten Streifenleitung beziehungsweise Stripline handelt es sich um einen offenen transversalen elektromagnetischen Wellenleiter. Die Streifenleitung besteht im Wesentlichen aus einer Masseplatte oder Ground Plane und einem Leiterstreifen respektive Septum und ist daher ein offener, unsymmetrischer TEM-Wellenleiter. Als solcher stellt die Streifenleitung eine Vereinfachung der in Abbildung 2.2 schematisch abgebildeten TEM- oder Crawford-Zelle[2] dar, die wiederum ein rechteckförmig aufgeweiteter, jedoch noch symmetrischer Koaxialleiter ist. Sowohl im Fall der Streifenleitung als auch bei der TEM-Zelle wird zwischen den Leitern auf Grund der konstanten Impedanz ein homogenes elektrisches Feld erzeugt (siehe hierzu auch Abbildung 3.1), wobei dieses wie auch das magnetische Feld transversal zur Ausbreitungsrichtung der TEM-Welle orientiert ist (Vgl. *„Impedanzkonzept"* [26, S. 264 ff.]).

Durch deren Aufbau eignet sich die Streifenleitung besonders für die Messung der Störaussendungen eines Kabelbaumes beziehungsweise Harness. Zwischen Masseplatte und Septum lassen sich allerdings auch komplette Komponenten einbringen. In

[1] Diese Abbildung ist allerdings der zurückgezogenen und durch ISO 11451 sowie ISO 11452 ersetzten Norm DIN 40839 Teil 4 [4] zur Störfestigkeitsprüfung entnommen.

[2] Mit TEM-Zellen können ebenfalls genormte EMV-Untersuchungen gemäß IEC CISPR 25:2008 [14, S. 49 ff.] und ISO 11452-3:2001 [22] durchgeführt werden.

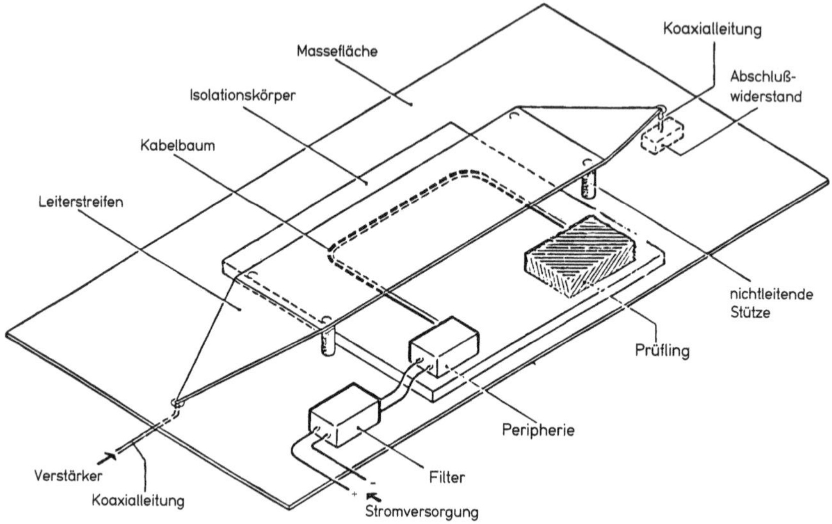

Abbildung 2.1: Schematischer Prüfaufbau mit einer Streifenleitung [4, S. 7]

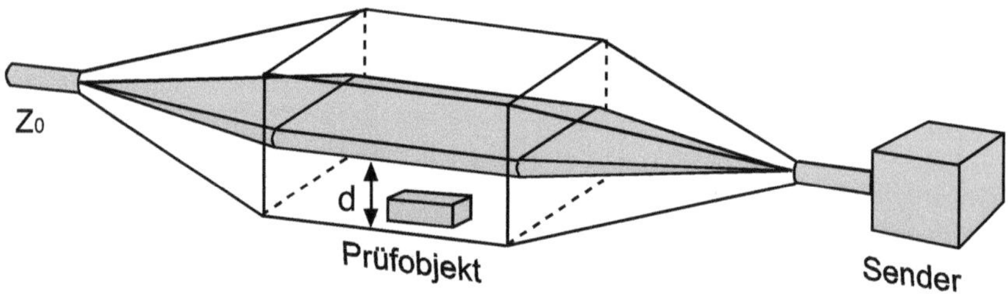

Abbildung 2.2: Schematischer Aufbau einer TEM-Zelle [26, S. 231]

der Automobiltechnik werden am häufigsten Streifenleitungen mit einer Impedanz von 50 Ω oder 90 Ω verwendet, wobei IEC CISPR 25:2008 [14, S. 68] auch Ausführungen mit anderen Wellenwiderständen zulässt. Weicht deren Impedanz vom in IEC CISPR 16-1-1:2010 [11] normierten 50-Ω-Messsystem ab, ist jedoch eine elektrische oder physikalische Anpassung notwendig. Für eine 50-Ω-Streifenleitung gibt IEC CISPR 25:2008 [14, S. 68] eine Verwendbarkeit für den Messbereich von 150 kHz bis 400 MHz an. Bei einer Nachweisbarkeit der Dominanz der TEM-Welle – wie sie bei der 90-Ω-Variante gegeben ist – lässt diese Norm sogar den Einsatz bis 1 GHz zu, insofern zusätzlich der Prüfling unter dem Septum eingebracht wird und dessen Höhe nicht mehr als ein Drittel der des Septums beträgt. Ein weiterer Vorteil der 90-Ω-Streifenleitung – der den Nachteil der Impedanzanpassung gegenüber einer 50-Ω-Variante ebenfalls rechtfertigt – ist ein um den Faktor drei schmaleres Septum mit 28 cm Breite, welches die Handhabbarkeit dieses Messmittels in der Praxis wesentlich verbessert. In Abbildung B.2 sind der Aufbau und die Maße einer 90-Ω-Streifenleitung mit physikalischer Impedanzanpassung durch ein Transformationsrohr sowie in Abbildung B.1 die einer 50-Ω-Variante jeweils nach IEC CISPR 25:2008 [14] dargestellt.

Es existieren jedoch noch weitere Bauformen von Striplines wie beispielsweise die sogenannten „Siemens-Streifenleitung". Mit einer Septumslänge von nur 1,5 m – der halben Wellenlänge von 100 MHz – ist diese Ausführung als Dipolantenne im Ultrakurzwellenbereich von 30 MHz bis 300 MHz ausgelegt. Hierdurch ist aber zumindest ein von den genormten Varianten abweichendes Resonanzverhalten zu erwarten.

2.2 Messaufbau und Messmittel

In Abbildung 2.3 ist der prinzipielle Messaufbau für Störaussendungsmessungen mit einer Streifenleitung gemäß IEC CISPR 25:2008 [14, S. 68 ff.] ersichtlich. Wie bei den anderen zu Antennenmessungen alternativen Messmethoden wie galvanisch gekoppelten, BCI- und TEM-Zellen-Messungen auch, ist zur Abschirmung des elektromagnetischen Umfeldes und des Rauschens eine Streifenleitung in einer Schirmkabine mit Wänden und Decke – jedoch nicht Boden – aus Metall unterzubringen[1] sowie die Masseplatte damit zu verbinden. Anders als bei Antennenmessungen ist hierbei jedoch nicht die Auskleidung mit kostspieligen Absorbern zur Verhinderung von Reflexionen in der Kabine notwendig, das heißt es wird kein Absorber-lined Shielded Enclosure (ALSE) benötigt. Die Höhe der Masseplatte soll dabei analog zur Arbeitsfläche bei den anderen alternativen Messmethoden 90 ± 10 cm betragen.

Zur Messung ist der Prüfling beziehungsweise dessen Kabelbaum 50 ± 5 mm über der Masseplatte auf einer nichtleitenden Unterlage mit einer relativen Permittivität $\varepsilon_r \leq 1{,}4$ einzubringen. In der Praxis wird hierzu typischerweise eine Grundplatte aus Metall mit einem U-förmigen Aufbau aus Holz oder Styrodur® zur Führung des Kabelbaumes verwendet. Der Kabelbaum hat dabei 1000 ± 50 mm parallel unter dem Septum zu verlaufen und sollte insgesamt eine Länge zwischen 1,7 und 2 m besitzen.

[1] Bei Störfestigkeitsprüfungen hat diese Abschirmung wegen der starken Abstrahlung stattzufinden.

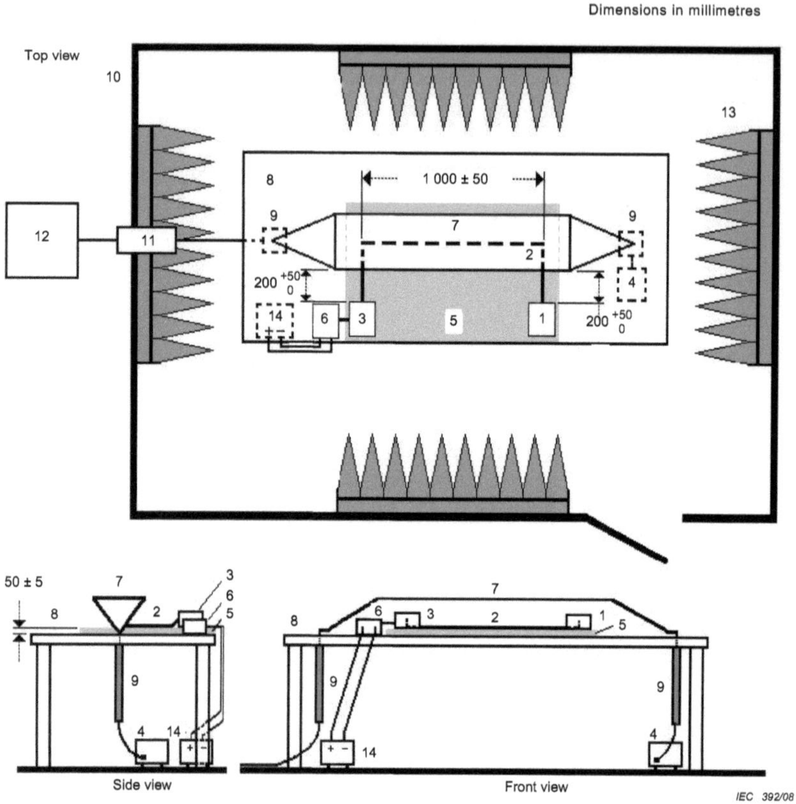

Key

1 EUT
2 Test harness
3 Load simulator
4 50 Ω load (location optional)
5 Low relative permittivity support ($\varepsilon_r \le 1{,}4$)
6 Artificial network (AN)
7 Septum
8 Ground plane
9 Matching unit (if necessary)
10 Wall of shielded room
11 Bulkhead connector
12 Measuring instrument
13 Absorbers (if necessary)
14 Power supply (location optional)

Abbildung 2.3: Schematischer Messaufbau mit einer Streifenleitung gemäß IEC CISPR 25:2008 [14, S. 70]

Der Prüfling ist generell auf der Seite der Streifenleitung zu platzieren, auf der diese mit einer 50-Ω-Terminierung abgeschlossen wird.

Die Spannungsversorgung des Prüflings hat während der Messung über eine Bordnetznachbildung (BNN) respektive ein Artificial Network (AN) oder Line Impedance Stabilization Network (LISN) zu erfolgen. Der Schaltplan einer IEC CISPR-25-konformen BNN ist in Abbildung A.2 sowie deren Impedanzcharakteristik in Abbildung A.1 zu finden. Solche Bordnetznachbildungen dienen bei EMV-Untersuchungen in der Automobiltechnik den folgenden Funktionen [28, S. 46 f.]:

- der Simulation der Impedanz des Bordnetzes zur besseren Reproduzierbarkeit,
- dem Abgreifen der vor allem im Rundfunkfrequenzbereich hauptsächlich über den Kabelbaum von Kraftfahrzeugen geführten Störungen bei galvanisch gekoppelten Messungen, sowie
- dem Schutz der angeschlossenen peripheren Teile durch den integrierten Filter bei Störfestigkeitsprüfungen.

Der nicht abgeschlossene Anschluss der Streifenleitung ist über eine Koaxialleitung mit dem Messmittel außerhalb der Schirmkabine zu verbinden. Bis einschließlich IEC CISPR 16-1-1:2010 [11] war hierfür nur die Verwendung von einstellbaren Voltmetern[1], Messempfängern respektive Electromagnetic Interference (EMI) Receiver und Spektrumanalysatoren, zugelassen. Erst mit IEC CISPR 16-1-1:2010 Amendment 1 [12] wurde auch der Einsatz von schneller Fourier-Transformation- beziehungsweise Fast Fourier Transform (FFT)-basierenden Messgeräten genormt. Letztere beschleunigen die Gesamtmessung über einen gegebenen Frequenzbereich im Vergleich zu rein Messempfänger-basierten Verfahren allgemein erheblich (Vgl. [7]).

In Abbildung 2.4 ist der funktionale Aufbau eines Messempfängers gemäß IEC CISPR 16-1-1:2010 [11] dargestellt. Die wichtigsten Komponenten eines solchen Gerätes sind der Mischer (Mixer), der Zwischenfrequenz (ZF)- oder Intermediate Frequency (IF)-Filter und die Detektoren. Da sich kein über ein breites Spektrum variabler Bandpass realisieren lässt, wird vom Mischer das Spektrum so verschoben, dass die zu messende Zentralfrequenz auf der konstanten Zwischenfrequenz des Messempfängers zu liegen kommt. Danach wird vom ZF-Filter die Bandbreite des zu messenden Signals auf die sogenannte ZF- beziehungsweise IF-Bandbreite begrenzt und schließlich auf die Detek-

[1] Für Störaussendungsmessungen über Frequenzbereiche gemäß IEC CISPR 25:2008 [14] sind Voltmeter aber naturgemäß nicht geeignet.

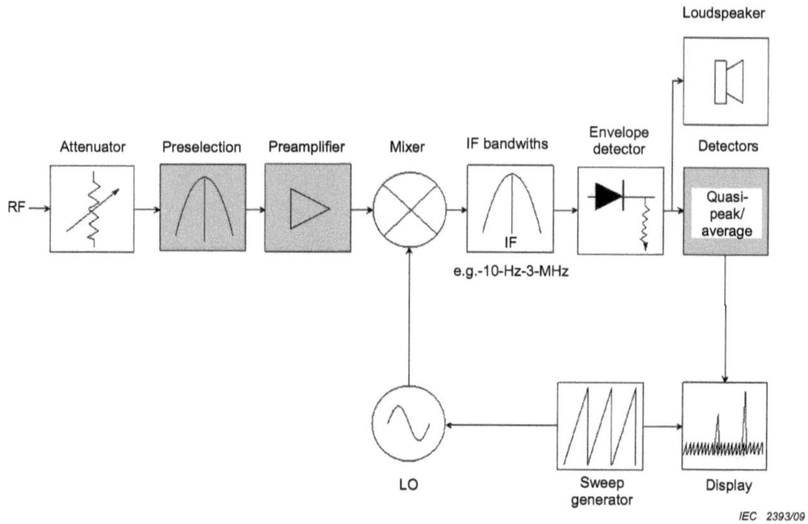

Abbildung 2.4: Funktionsblockdiagramm eines Messempfängers gemäß IEC CISPR 16-1-1:2010 [11, S. 76]

toren geleitet. Für die Störaussendungsmessungen nach den IEC CISPR-Normen sind hierbei der Average- respektive Mittelwert-, Peak- und Quasi-Peak-Detektor relevant. Der Peak-Detektor ermittelt den maximalen Pegel während der gewählten Messzeit (Dwell Time) und der Average-Detektor den durchschnittlichen. Ähnlich dem Peak-Detektor liefert der Quasi-Peak-Detektor einen maximalen Pegel, stellt dabei aber das Empfinden des menschlichen Gehörs für Geräusche nach, da der Mensch Störungen in Abhängigkeit von der Frequenz der Pulsfolge als verschieden stark wahrnimmt. Entsprechend ist der Quasi-Peak-Detektor für den Einsatz im Rundfunkfrequenzbereich ausgelegt. Das Ergebnis des Quasi-Peak-Detektors liegt dabei aber nie höher als das des Peak-Detektors. Der Pegel des gemessenen Signals wird hierbei in der Einheit beziehungsweise in der Größenordnung µV oder typischerweise in dB(µV) angegeben. Liegt ein Signal jeweils vollständig innerhalb der ZF-Bandbreite (ZF-BB), so wird dies als Schmalbandstörung, andernfalls als Breitbandstörung bezeichnet [26, S. 65].

Abbildung 2.5 veranschaulicht den Ablauf – das sogenannte Scanning – der Messung mit einem Messempfänger, welcher von diesem entweder selbst oder zur Messdatener-

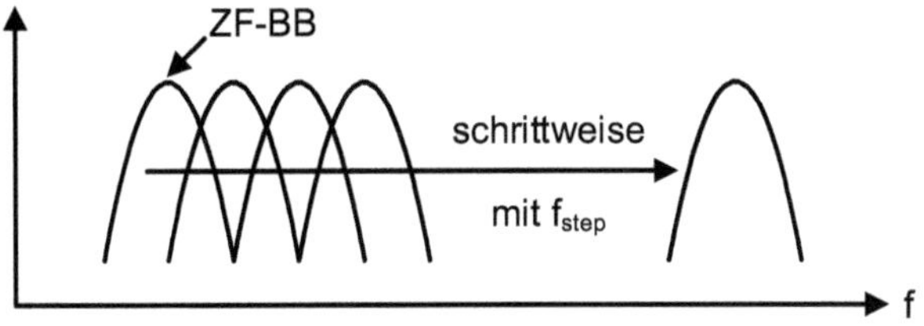

Abbildung 2.5: Arbeitsweise eines Messempfängers, basierend auf [28, S. 40]

fassung mit beispielsweise einem PC (Personal Computer) extern gesteuert wird. Zwischen den vorgegebenen Start- und Stopfrequenzen wird dabei effektiv[1] der ZF-Filter über das Spektrum des Eingangssignals geschoben und das auf die ZF-Bandbreite begrenzte Signal jeweils auf den Detektor oder die Detektoren geleitet. Nach der durch die Messzeit wählbaren Verweildauer wird der ZF-Filter um die einstellbare – innerhalb einer Messung jedoch konstante – Schrittweite (Step Size) bis zum Erreichen der Stopfrequenz weitergeführt.

Zur externen Ansteuerung nach den oben erläuterten Parametern und zur Messdatenerfassung eines Messempfängers verfügen diese typischerweise über eine General Purpose Interface Bus (GPIB) genannte Schnittstelle. Diese ist ein in IEEE 488.1-2004 [9] spezifizierter paralleler Datenbus mit einer maximalen Datenrate von 1 Megabytes per Second in der Standardausführung zur Anbindung von in erster Linie Druckern, Messgeräten und Plottern. In Bezug auf die Messdatenerfassung von Störaussendungsmessungen wird hierüber üblicherweise ein in Hard- oder Software implementierter X-Y-Schreiber zur Protokollierung des Pegels über die Frequenz angebunden. In der Regel lassen sich dabei zusätzlich die Grenzwerte für den Pegel einblenden und deren Überschreitungen auswerten.

Prinzipiell können Störaussendungsmessungen auch mit Spektrumanalysatoren durchgeführt werden. Letztere funktionieren grob vergleichbar zu Messempfängern, im Unterschied zu diesen erfolgt die Analyse des Signalspektrums dabei aber nicht schrittweise sondern kontinuierlich. Entsprechend wird die Arbeitsweise von Spektrumanalysatoren als Sweeping und nicht als Scanning bezeichnet. In der Praxis überlastet die Auswertung von Breitbandstörquellen jedoch deren Mischer, was zu unbrauchbaren Ergebnissen führt. Zumindest für die Vermessung von Prüflingen mit unbekannter Abstrahlcharakteristik sind daher Messempfänger einzusetzen [28, S. 40].

[1] Siehe Ausführungen oben; eigentlich wird das Spektrum über den ZF-Filter geschoben.

2.3 Durchführung von Messungen

Allgemein sind für einen Scan mit einem Messempfänger zur Störaussendungsmessung folgende im vorherigen Abschnitt erläuterten Parameter vorzugeben respektive einzustellen:

- die Start- und Stopfrequenzen des zu untersuchenden Frequenzbereiches in Hertz,
- die ZF-Bandbreite in Hertz,
- die Messzeit pro Messschritt in Sekunden,
- die Schrittweite in Hertz, sowie
- die Detektoren.

Diese Parameter sind gemäß IEC CISPR 25:2008 [14, S. 13 ff.] im sogenannten Testplan und dem Testreport der Messung festzuhalten. Der im Vorfeld zu erstellende Testplan soll dabei folgende Angaben enthalten:

- die zu untersuchenden Frequenzbereiche,
- die Störaussendungsgrenzwerte,
- die Lage der Antennen bei Antennenmessungen, andernfalls die Messmittel,
- die Anforderungen an den Testreport, und
- die Versorgungsspannung sowie andere relevante Parameter.

Im Testreport sollen nach der Messung jene Angaben festgehalten werden:

- die Bezeichnung des Prüflings,
- das Datum und die Uhrzeit der Messung,
- die ZF-Bandbreite,
- die Schrittweite,
- die geforderten Störaussendungsgrenzwerte,
- die Klimawerte, sowie
- die Messdaten.

Für die ZF-Bandbreiten, Messzeiten und Schrittweiten gibt IEC CISPR 25:2008 [14] in Abhängigkeit vom Frequenzbereich für alle Messverfahren die in Tabelle C.1 aufgeführten Parameter vor. Bei dieser Tabelle ist jedoch zu beachten, dass Störaussendungsmessungen – wie in Abschnitt 2.1 erläutert – mit Streifenleitungen nur bis 400 MHz beziehungsweise 1 GHz spezifiziert sind. Damit etwaige Schmalbandstörungen nicht übersprungen werden, ist – wie auch in dieser Tabelle ersichtlich – durch eine Schrittweite von etwa der Hälfte der ZF-Bandbreite für eine Überlappung der einzelnen Messschritte zu sorgen. Für bekannte Breitbandstörquellen wie Kommutatormotoren [26, S. 79 f.] lässt IEC CISPR 25:2008 [14, S. 18] dementsprechend jedoch auch Schrittweiten von bis jeweils dem fünffachen der ZF-Bandbreite zu.

Bezüglich der Messzeit ist zu beachten, dass diese zur Erfassung aller Störungen mit Messempfängern mindestens so groß wie die längste Zykluszeit des Prüflings zu wählen ist. Gegebenenfalls in der Praxis ist dieses Messintervall daher länger – als von IEC CISPR 25:2008 [14] gefordert – zu wählen [28, S. 44].

Gemäß IEC CISPR 25:2008 [14, S. 13] sind Störaussendungsmessungen immer entweder mindestens mit dem Average- und dem Peak- oder dem Average- und dem Quasi-Peak-Detektor durchzuführen. Hierbei hat ein Prüfling die Grenzwerte jeweils bei beiden Messungen einzuhalten. Werden alle drei Detektoren eingesetzt, so sind – wie im Testplan zur entsprechenden Messung festzulegen – entweder die Peak- oder die Quasi-Peak-Grenzwerte zu erfüllen.

IEC CISPR 25:2008 [14, S. 33 ff.] gibt in fünf Klassen eingeteilte Beispielgrenzwerte in Abhängigkeit vom Frequenzbereich vor. Diese sind für Average-Messungen mit Streifenleitungen in Tabelle C.3 sowie für Peak- und Quasi-Peak-Messungen in Tabelle C.2 aufgeführt. Ein Automobilhersteller kann je nach Anforderungen einem Komponentenzulieferer anhand dieser Klassen die Einhaltung maximaler Grenzwerte in den verschiedenen Frequenzbereichen vorgeben.

Es ist generell zu bemerken, dass in der Praxis Komponenten nicht ausschließlich gemäß IEC CISPR 25:2008 [14] gemessen werden sondern auch bezüglich der Messzeit, Schrittweite und ZF-Bandbreite gegebenenfalls vom jeweiligen Automobilhersteller festgelegte Messparameter Einsatz finden.

Als Beispiel für eine Störaussendungsmessung mit der Streifenleitung nach IEC CISPR 25:2008 [14, S. 68 ff.] ist deren Ergebnis in Abbildung 2.6 dargestellt.

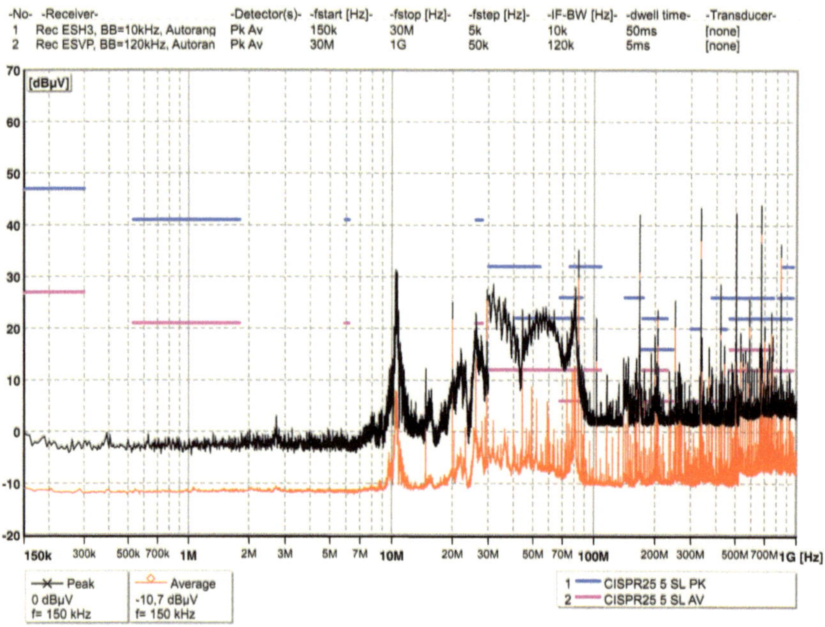

Abbildung 2.6: Ergebnis einer Störaussendungsmessung mit der Streifenleitung unter Verwendung des Average- und des Peak-Detektors nach IEC CISPR 25:2008 [14, S. 68 ff.] sowie zugehörige Klasse-5-Grenzwerte

3 Störfestigkeitsprüfungen mit der Streifenleitung

Folgende Ausführungen beziehen sich auf die zum gegenwärtigen Stand aktuelle und in 2005/83/EG [6] angegebene Norm ISO 11452-5:2002 [24].

3.1 Grundlagen

ISO 11452-5:2002 [24, S. 7 f.] spezifiziert im Aufbau zu IEC CISPR 25:2008 [14, S. 74 f.] analoge 50-Ω- und 90-Ω-Streifenleitungen, wie sie bereits in Abschnitt 2.1 vorgestellt wurden. Die 90-Ω-Variante ist dort wiederum mit einer Septumslänge von 2 m angegeben. Andererseits wird für das Septum hier allgemein nur eine Mindestlänge von 1 m gefordert. Im Unterschied zu der Störaussendungsnorm wird für Störfestigkeitsprüfungen mit Streifenleitungen jedoch in allen Fällen nur eine Verwendbarkeit im Frequenzbereich von 10 kHz bis 400 MHz angegeben [24, S. 1].

Bei der Streifenleitung mit einer Impedanz von 90 Ω treten im Vergleich zu 50 Ω aber höhere Moden, das heißt Wellen mit Frequenzen, bei denen Eigenresonanz auftritt, erst bei höheren Frequenzen auf, und es wird eine geringere Eingangsleistung für das Erreichen der gleichen Feldstärke benötigt [26, S. 356].

Bei Beaufschlagung mit einem hochfrequenten Signal bilden sich in beziehungsweise um die Streifenleitung die in Abbildung 3.1 veranschaulichten Felder aus. Ein Vorteil der Streifenleitung liegt hierbei in der annähernd homogenen Feldverteilung, die allerdings – wie in Abbildung 3.1 ebenfalls dargestellt – mit der Einbringung eines Prüflings oder dessen Kabelbaumes gestört wird. Umgekehrt wird der Prüfling vom elektrischen Feld der Streifenleitung beeinflusst, bis ab einer bestimmten Feldstärke schließlich ein Fehler auftritt. Die Frequenzen und Feldstärken, bei der diese Fehler beim DUT auftreten, sind im Rahmen von Störfestigkeitsprüfungen zu ermitteln.

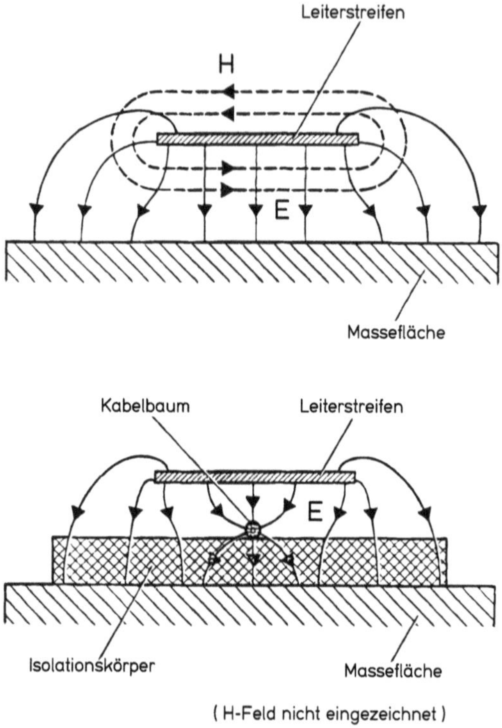

Abbildung 3.1: Verteilung des elektrischen (E-) und des magnetischen (H-) Feldes in einer Streifenleitung [1, S. 210]

Durch die starke Abstrahlung beim Einsatz einer Streifenleitung als Prüfmittel ist auch in diesem Fall wieder eine Schirmkabine zu verwenden [24, S. 4]. Anderseits sind die hohen Feldstärken einer Streifenleitung auch einer deren Vorteile [1, S. 208 f.].

3.2 Prüfaufbau und Prüfmittel

Innerhalb der Schirmkabine ist bei Störfestigkeitsprüfungen mit einer Streifenleitung ein – inklusive Abmessungen und Platzierungen – im Wesentlichen zu dem im Abschnitt 2.2 für Störaussendungsmessungen beschriebenen Aufbau identisches Setup

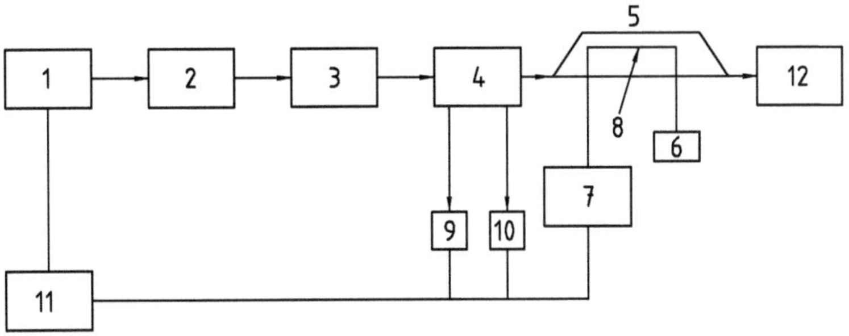

Key

1 Signal generator
2 RF amplifier
3 Low pass filter
4 Directional coupler
5 Stripline
6 Device under test
7 Test monitor
8 Wiring harness in stripline
9 Power meter F
10 Power meter R
11 Control computer
12 RF termination

Abbildung 3.2: Schematischer Prüfaufbau mit einer Streifenleitung gemäß ISO 11452-5:2002 [24, S. 3]

einzusetzen. Lediglich um vom Prüfling durch die eingebrachte Störstrahlung aufgetretenen Fehler zu deren Auswertung signalisieren zu können, ist hierbei eine weitere Leitung von innerhalb der Schirmkabine nach außen zu führen. Dies sollte dabei optisch ausgeführt werden, um ein Austreten der Störstrahlung aus der Schirmkabine und eine dadurch mögliche Beschädigung der Prüf- respektive Messmittel zu verhindern. Insgesamt ist der Prüfaufbau gemäß ISO 11452-5:2002 [24, S. 2 ff.] – wie in Abbildung 3.2 schematisch veranschaulicht – im Vergleich zu Störaussendungsmessungen allerdings aufwendiger.

Die Störsignale liefert bei diesem Prüfverfahren ein Signalgenerator, der sich zur Automatisierung des Ablaufs per GPIB- oder äquivalenter Schnittstelle ansteuern lassen sollte. Da die Ausgangsleistungen von Signalgeneratoren für Störfestigkeitsprüfungen jedoch in der Regel zu gering sind, ist nach dem Signalgenerator üblicherweise

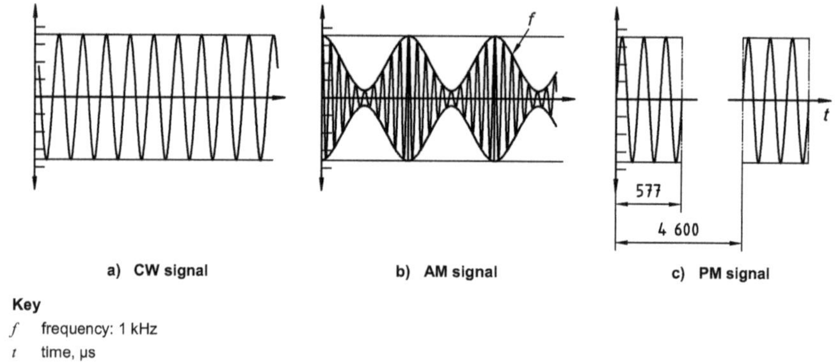

Abbildung 3.3: Prüfsignale gemäß ISO 11452-1:2005 [20, S. 7]

noch ein Leistungsverstärker zwischenzuschalten. Werden mit dem Auftraggeber im Testplan keine Testsignale vereinbart, sind gemäß ISO 11452-1:2005 [20, S. 7] die in Abbildung 3.3 dargestellten und im Folgenden erläuterten Modulationen zu verwenden:

a) Continuous Wave (CW)- Signal
   Ein unmoduliertes Sinussignal im Frequenzbereich von 10 kHz bis 18 GHz.

b) Amplitude Modulation (AM)-Signal
   Ein mit einem 1-kHz-Sinus amplitudenmoduliertes Sinussignal im Frequenzbereich von 10 kHz bis 800 MHz.

c) Pulse Modulation (PM)-Signal
   Ein dem Signal des Global System for Mobile Communications (GSM) ähnliches, pulsmoduliertes Sinussignal mit einer Periode von 4,6 ms und einer Einschaltzeit von 577 µs im Frequenzbereich von 800 MHz bis 18 GHz.

Die elektrische Feldstärke in V/m, bei der beim Prüfling Fehler auftreten, lässt sich nach ISO 11452-5:2002 [24, S. 5] auf zwei verschiedene Arten ermitteln. Erstens kann dies direkt mit einem Feldstärkemesser, der mittig unter der Streifenleitung platziert wird, geschehen. Die Messdaten sind dabei wiederum über – idealerweise eine optische – Verbindung nach außen zu führen und zur automatischen Messdatenerfassung per GPIB- oder ähnlicher Schnittstelle bereit zu stellen.

Die zweite genormte Methode zur Bestimmung der Feldstärke erfolgt über die Nettoleistung, das heißt der von der Last aufgenommenen Leistung. Hierzu ist außerhalb der Schirmkabine die Leistung in Vorwärts- und Rückwärtsrichtung mit einem Leistungsmesser mit wiederum einer GPIB- oder ähnlicher Schnittstelle zu ermitteln und die Differenz zu bilden. Die in Rückwärtsrichtung reflektierte Energie resultiert dabei aus der in der Praxis nicht perfekt angepassten Impedanz der Last. Beherrscht der Leistungsmesser nur eine Richtung, so können alternativ – wie in Abbildung 3.2 dargestellt – zwei Leistungsmesser über einen zusätzlichen Richtungskoppler eingesetzt werden. Die absolute elektrische Feldstärke $|E|$ in V/m lässt sich dann anhand der Formel 3.1 aus der Nettoleistung P in Watt berechnen.

$$|E| = \frac{\sqrt{P \times Z}}{h} \tag{3.1}$$

Hierbei ist Z die Impedanz der Streifenleitung in Ohm und h die Höhe des Septums über der Masseplatte in Metern.

Insgesamt wird bei Störfestigkeitsprüfungen ähnlich dem Scanning bei den Störaussendungsmessungen mit Messverstärkern vorgegangen. Dies bedeutet, dass zwischen den vorgegebenen Start- und Stopfrequenzen schrittweise die elektrische Feldstärke solange erhöht wird, bis beim Prüfling ein Fehler auftritt. Danach wird die Frequenz um eine Schrittweite erhöht. Zur Erhöhung der Prüfgeschwindigkeit lässt sich in der Praxis dabei mit der Feldstärke fortfahren, bei der im vorherigen Frequenzschritt kein Fehler aufgetreten ist. Pro Schritt ist der Prüfling dazu jeweils so lange zu bestrahlen, wie für die Rückmeldung eines Fehlers benötigt wird, mindestens jedoch eine Sekunde. Die Art und Weise der Feldstärkenerhöhung und eine vom Prüfling benötigte Erholungszeit sind im Testplan vorzugeben.

Die Datenerfassung von Störfestigkeitsprüfungen erfolgt typischerweise ähnlich der von Störaussendungsmessungen mit einem X-Y-Schreiber. Dieser protokolliert in diesem Fall die per Feldstärke- oder Leistungsmesser ermittelte Feldstärke, bei der seitens des Prüflings ein Fehler auftritt, über die Frequenz.

3.3 Durchführung von Prüfungen

ISO 11452-5:2002 [24, S. 4 f.] fordert von einem Testplan die folgenden Angaben:

- die Frequenzbereiche,
- die Art der Feldstärkenbestimmung (Feldstärke- oder Leistungsmesser),

- der Arbeitsmodus des Prüflings (zum Beispiel Standby-Betrieb oder Vollast),
- die Kriterien zur Akzeptanz des Prüflings bei der Störfestigkeitsprüfung,
- die Schweregrade der Störfestigkeitsprüfung,
- die Angaben zur Überwachung des Prüflings auf Fehler,
- die Modulationen, falls andere als die in Abschnitt 3.2 beschriebenen gewünscht werden,
- den im Testreport anzugebenden Inhalt, sowie
- die speziellen Anweisungen zum und Abweichungen vom Standardverfahren.

Den Inhalt des Testreports Betreffend werden von ISO 11452-5:2002 [24, S. 5] jedoch keine genauen Vorgaben getroffen. Allerdings soll der Testreport detaillierte Informationen über die Prüfmittel, die Prüfstelle, die getesteten Prüflinge und Frequenzen, die Leistungspegel, Systeminteraktionen sowie jegliche andere für die durchgeführte Störfestigkeitsprüfung relevante Daten enthalten.

Die von ISO 11452-5:2002 [24, S. 11] vorgegeben Frequenzbereiche sind in der Tabelle D.3 zu finden. In Abhängigkeit vom Frequenzbereich werden von ISO 11452-1:2005 [20, S. 8] für alle Arten von Störfestigkeitsprüfungen in der Automobiltechnik die Schrittweiten gemäß Tabelle D.1 festgelegt. Ähnlich der Klassifizierung in IEC CISPR 25:2008 [14, S. 11] schlägt ISO 11452-5:2002 [24] die Einteilung der Schweregrade, das heißt die Feldstärken bis zu denen beim Prüfling keine Fehler auftreten, in fünf Stufen vor. Letztere sind in Tabelle D.2 aufgeführt.

A Bordnetznachbildung gemäß IEC CISPR 25

A.1 Impedanzcharakteristik

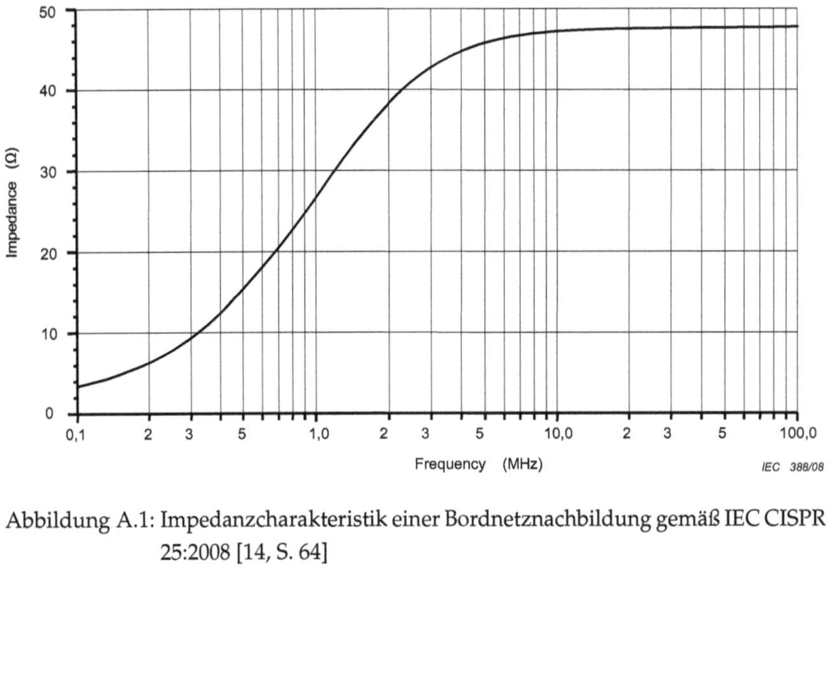

Abbildung A.1: Impedanzcharakteristik einer Bordnetznachbildung gemäß IEC CISPR 25:2008 [14, S. 64]

A.2 Schaltplan

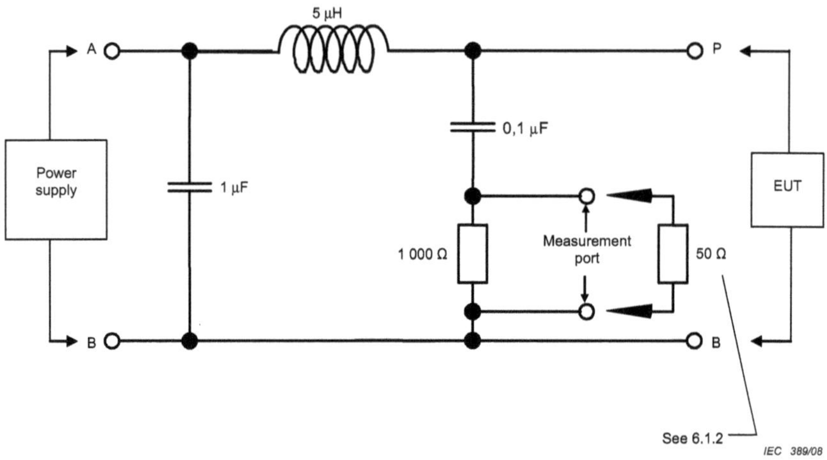

Abbildung A.2: Schaltplan einer Bordnetznachbildung gemäß IEC CISPR 25:2008 [14, S. 65]

B Streifenleitungen gemäß IEC CISPR 25

B.1 50-Ω-Streifenleitung

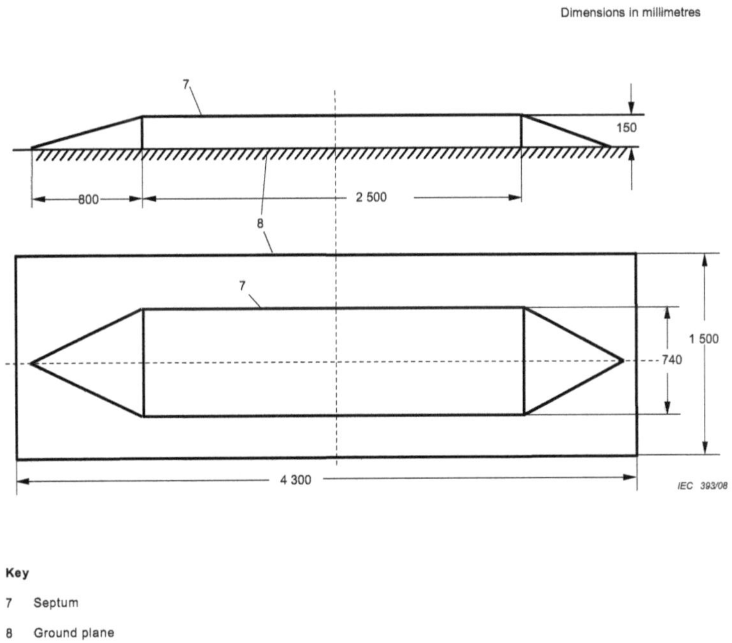

Abbildung B.1: Aufbau und Maße einer 50-Ω-Streifenleitungen gemäß IEC CISPR 25:2008 [14, S. 74]

B.2 90-Ω-Streifenleitung

Dimensions in millimetres

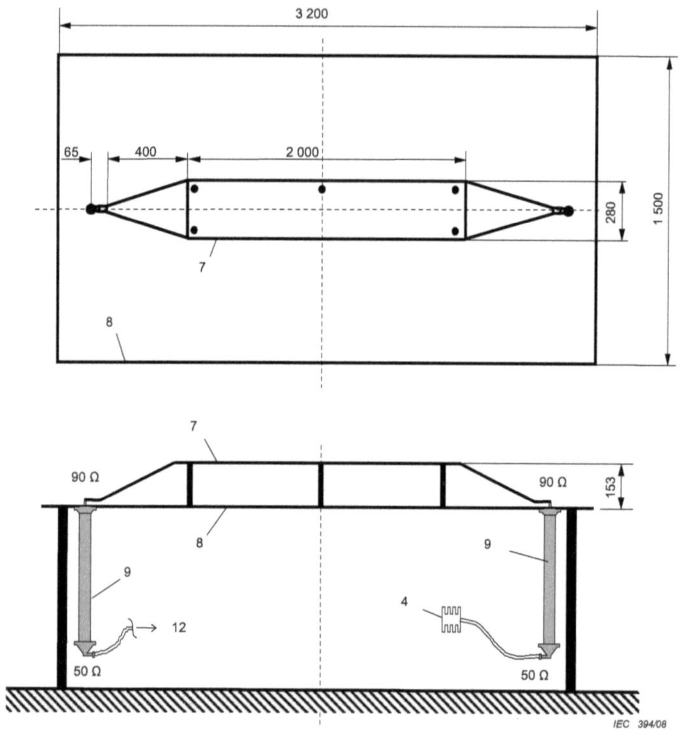

Key

4 50 Ω load

7 Septum

8 Ground plane

9 Matching unit

12 Measuring instrument

Abbildung B.2: Aufbau und Maße einer 90-Ω-Streifenleitungen gemäß IEC CISPR 25:2008 [14, S. 75]

C Messempfängerparameter und Störaussendungsgrenzwerte gemäß IEC CISPR 25

C.1 Messempfängerparameter

Service / Frequency range MHz		Peak detection			Quasi-peak detection			Average detection		
		BW at -6 dB	**Step size**	**Dwell time**	**BW at -6 dB**	**Step size**	**Dwell time**	**BW at -6 dB**	**Step size**	**Dwell time**
AM broadcast and mobile services	0,15 - 30	9 kHz	5 kHz	50 ms	9 kHz	5 kHz	1 s	9 kHz	5 kHz	50 ms
FM broadcast	76 - 108	120 kHz	50 kHz	5 ms	120 kHz	50 kHz	1 s	120 kHz	50 kHz	5 ms
Mobile services	30 to 1 000									
TV Band I	41 – 88									
TV Band III	174 – 230									
TV Band IV/V	470 – 890									
DAB	171 - 245									
DTTV	470 - 770	120 kHz	50 kHz	5 ms	Does not apply	Does not apply	Does not apply	120 kHz	50 kHz	5 ms
Mobile service	1 000 - 2 500	120 kHz	50 kHz	5 ms	Does not apply	Does not apply	Does not apply	120 kHz	50 kHz	5 ms
GPS L1 civil	1 567 – 1 583	Does not apply	Does not apply	Does not apply	Does not apply	Does not apply	Does not apply	9 kHz	5 kHz	5 ms
NOTE For emissions generated by brush commutator motors without an electronic control unit, the maximum step size may be increased up to 5 times the bandwidth.										

Tabelle C.1: Messempfängerparameter gemäß IEC CISPR 25:2008 [14, S. 18]

C.2 Störaussendungsgrenzwerte für Peak- und Quasi-Peak-Messungen mit Streifenleitungen

Service / Band	Frequency MHz	Levels in dB(µV)									
		Class 1		Class 2		Class 3		Class 4		Class 5	
		Peak	Quasi-peak	Peak	Quasi-peak	Peak	Quasi-peak	Peak	Quasi-peak	Peak	Quasi-peak
BROADCAST											
LW	0,15 - 0,30	87	74	77	64	67	54	57	44	47	34
MW	0,53 - 1,8	73	60	65	52	57	44	49	36	41	28
SW	5,9 - 6,2	65	52	59	46	53	40	47	34	41	28
FM	76 - 108	56	43	50	37	44	31	38	25	32	19
TV Band I	41 - 88	46	-	40	-	34	-	28	-	22	-
TV Band III	174 - 230	46	-	40	-	34	-	28	-	22	-
DAB III	171 - 245	40	-	34	-	28	-	22	-	16	-
TV Band IV/V	468 - 944	46	-	40	-	34	-	28	-	22	-
DTTV	470 - 770	50	-	44	-	38	-	32	-	26	-
DAB L band	1447 - 1494	Radiated emission – Stripline Not applicable									
SDARS	2320 - 2345										
MOBILE SERVICES											
CB	26 - 28	64	52	58	46	52	40	47	34	41	28
VHF	30 - 54	56	43	50	37	44	31	38	25	32	19
VHF	68 - 87	50	37	44	31	38	25	32	19	26	13
VHF	142 -175	50	37	44	31	38	25	32	19	26	13
Analogue UHF	380 - 512	50	37	44	31	38	25	32	19	26	13
RKE	300 - 330	44	-	38	-	32	-	26	-	20	-
RKE	420 - 450	44	-	38	-	32	-	26	-	20	-
Analogue UHF	820 - 960	50	37	44	31	38	25	32	19	26	13
GSM 800	860 - 895	56	-	50	-	44	-	38	-	32	-
EGSM/GSM 900	925 - 960	56	-	50	-	44	-	38	-	32	-
GPS L1 civil	1567 - 1583	Radiated emission – Stripline Not applicable									
GSM 1800 (PCN)	1803 - 1882										
GSM 1900	1850 - 1990										
3G / IMT 2000	1900 - 1992										
3G / IMT 2000	2010 - 2025										
3G / IMT 2000	2108 - 2172										
Bluetooth/802.11	2400 - 2500										

NOTE 1 All values listed in this table are valid for the bandwidths in Tables 1 and 2. If measurements have to be performed with different bandwidths than those specified in Tables 1 and 2 because of noise floor requirements, then applicable limits should be defined in the test plan.

NOTE 2 Where multiple bands use the same limits the user shall select the appropriate bands over which to test. When the test plan includes bands that overlap the test plan shall define the applicable limit.

Tabelle C.2: Störaussendungsgrenzwerte für Peak- und Quasi-Peak-Messungen mit Streifenleitungen gemäß IEC CISPR 25:2008 [14, S. 71]

C.3 Störaussendungsgrenzwerte für Average-Messungen mit Streifenleitungen

Service / Band	Frequency MHz	Levels in dB(µV)				
		Class 1	Class 2	Class 3	Class 4	Class 5
		AVG	AVG	AVG	AVG	AVG
BROADCAST						
LW	0,15 - 0,30	67	57	47	37	27
MW	0,53 - 1,8	53	45	37	29	21
SW	5,9 - 6,2	45	39	33	27	21
FM	76 - 108	36	30	24	18	12
TV Band I	41 - 88	36	30	24	18	12
TV Band III	174 - 230	36	30	24	18	12
DAB III	171 - 245	30	24	18	12	6
TV Band IV/V	468 - 944	36	30	24	18	12
DTTV	470 - 770	40	34	28	22	16
DAB L band	1447 - 1494	Radiated emission – Stripline Not applicable				
SDARS	2320 - 2345					
MOBILE SERVICES						
CB	26 - 28	45	39	33	27	21
VHF	30 - 54	36	30	24	18	12
VHF	68 - 87	30	24	18	12	6
VHF	142 -175	30	24	18	12	6
Analogue UHF	380 - 512	30	24	18	12	6
RKE	300 - 330	30	24	18	12	6
RKE	420 - 450	30	24	18	12	6
Analogue UHF	820 - 960	30	24	18	12	6
GSM 800	860 - 895	36	30	24	18	12
EGSM/GSM 900	925 - 960	36	30	24	18	12
GPS L1 civil	1567 - 1583	Radiated emission – Stripline Not applicable				
GSM 1800 (PCN)	1803 - 1882					
GSM 1900	1850 - 1990					
3G / IMT 2000	1900 - 1992					
3G / IMT 2000	2010 - 2025					
3G / IMT 2000	2108 - 2172					
Bluetooth/802.11	2400 - 2500					

NOTE 1 All values listed in this table are valid for the bandwidths in Tables 1 and 2. If measurements have to be performed with different bandwidths than those specified in Tables 1 and 2 because of noise floor requirements, then applicable limits should be defined in the test plan.

NOTE 2 Where multiple bands use the same limits the user shall select the appropriate bands over which to test. When the test plan includes bands that overlap the test plan shall define the applicable limit.

Tabelle C.3: Störaussendungsgrenzwerte für Average-Messungen mit Streifenleitungen gemäß IEC CISPR 25:2008 [14, S. 72]

D Prüfparameter gemäß ISO 11452-1 und ISO 11452-5

D.1 Schrittweiten gemäß ISO 11452-1

Frequency band MHz	Linear steps MHz	Logarithmic steps %
0,01 to 0,1	0,01	10
> 0,1 to 1	0,1	10
> 1 to 10	1	10
> 10 to 200	5	5
> 200 to 400	10	5
> 400 to 1 000	20	2
> 1000 to 18 000	40	2

Tabelle D.1: Schrittweiten gemäß ISO 11452-1:2005 [20, S. 8]

D.2 Schweregrade gemäß ISO 11452-5

Test severity level	Value V/m
I	50
II	100
III	150
IV	200
V	Specific value agreed between the users of this part of ISO 11452, if necessary.

Tabelle D.2: Schweregrade gemäß ISO 11452-5:2002 [24, S. 11]

D.3 Frequenzbereiche gemäß ISO 11452-5

Frequency band	**Value** MHz
F1	> 0,01 to ≤ 10
F2	> 10 to ≤ 30
F3	> 30 to ≤ 80
F4	> 80 to ≤ 200
F5	> 200 to ≤ 400

Tabelle D.3: Frequenzbereiche gemäß ISO 11452-5:2002 [24, S. 11]

Quellenverzeichnis

[1] Fischer P., Balzer G., Lutz M., EMV-Störfestigkeitsprüfungen, EMV-Prüfungen in Entwicklung und Qualitätssicherung nach neuesten Normen und Methoden, 2. Auflage, Franzis, 1993

[2] Bundesministerium der Justiz, Gesetz über die Haftung für fehlerhafte Produkte (Produkthaftungsgesetz – ProdHaftG), Bundesgesetzblatt I, S. 2198, Dezember 1989

[3] Das Europäische Parlament und der Rat der Europäischen Union, Richtlinie 2004/108/EG des Europäischen Parlaments und des Rates vom 15. Dezember 2004 zur Angleichung der Rechtsvorschriften der Mitgliedstaaten über die elektromagnetische Verträglichkeit und zur Aufhebung der Richtlinie 89/336/EWG (Text von Bedeutung für den EWR), Amtsblatt der Europäischen Union Nr. L 390/24, S. 24 – 37, Dezember 2004

[4] Deutsches Institut für Normierung e. V. (1992): DIN 40839 Teil 4, Elektromagnetische Verträglichkeit (EMV) in Straßenfahrzeugen, eingestrahlte Störgrößen (zurückgezogen)

[5] Die Kommission der Europäischen Gemeinschaften, Richtlinie der Kommission 2004/104/EG vom 14. Oktober 2004 zur Anpassung der Richtlinie 72/245/EWG des Rates über die Funkentstörung (elektromagnetische Verträglichkeit) von Kraftfahrzeugen an den technischen Fortschritt und zur Änderung der Richtlinie 70/156/EWG des Rates zur Angleichung der Rechtsvorschriften der Mitgliedstaaten über die Betriebserlaubnis von Kraftfahrzeugen und Kraftfahrzeuganhängern (Text von Bedeutung für den EWR), Amtsblatt der Europäischen Union Nr. L 337/13, S. 13, November 2004

[6] Die Kommission der Europäischen Gemeinschaften, Richtlinie der Kommission 2005/83/EG vom 23. November 2005 zur Änderung der Anhänge I, VI, VII, VIII, IX und X der Richtlinie 72/245/EWG des Rates über die Funkentstörung (elektromagnetische Verträglichkeit) von Kraftfahrzeugen zwecks ihrer Anpassung an den technischen Fortschritt (Text von Bedeutung für den EWR), Amtsblatt der Europäischen Union Nr. L 305/32, S. 13, November 2005

[7] Reinhardt U., Feurer K., Feser K., Elsässer O., EMV-Fahrzeug-Untersuchungen im Zeitbereich, GMM-Fachbericht 20, Elektromagnetische Verträglichkeit in der Kraftfahrzeugtechnik, S. 153 ff., VDE Verlag, 1997

[8] Form T., EMV-Schutzziele, Störfestigkeits- und Abstrahlanforderungen durch neue Dienste, GMM-Fachbericht 20, Elektromagnetische Verträglichkeit in der Kraftfahrzeugtechnik, S. 71 ff., VDE Verlag, 1997

[9] IEEE Instrumentation and Measurement Society (2003): IEEE 488.1, IEEE Standard for Higher Performance Protocol for the Standard Digital Interface for Programmable Instrumentation

[10] International Electrotechnical Commission (2007): CISPR 12, Vehicles, boats and internal combustion engines – Radio disturbance characteristics – Limits and methods of measurement for the protection of off-board receivers

[11] International Electrotechnical Commission (2010): CISPR 16-1-1, Specification for radio disturbance and immunity measuring apparatus and methods – Part 1-1: Radio disturbance and immunity measuring apparatus – Measuring apparatus

[12] International Electrotechnical Commission (2010): CISPR 16-1-1, Specification for radio disturbance and immunity measuring apparatus and methods – Part 1-1: Radio disturbance and immunity measuring apparatus – Measuring apparatus, Amendment 1

[13] International Electrotechnical Commission (2004): CISPR 16-1-2, Specification for radio disturbance and immunity measuring apparatus and methods – Part 1-2: Radio disturbance and immunity measuring apparatus – Ancillary equipment – Conducted disturbances

[14] International Electrotechnical Commission (2008): CISPR 25, International Special Committee on Radio Interference, Vehicles, boats and internal combustion engines, Radio disturbance characteristics, Limits and methods of measurement for the protection of on-board receivers

[15] International Standards Organization (2002): ISO 7637-1, Road vehicles – Electrical disturbances from conduction and coupling – Part 1: Definitions and general considerations

[16] International Standards Organization (2011): ISO 7637-2, Road vehicles – Electrical disturbances from conduction and coupling – Part 2: Electrical transient conduction along supply lines only

[17] International Standards Organization (2005): ISO 11451-1, Road vehicles – Vehicle test methods for electrical disturbances from narrowband radiated electromagnetic energy – Part 1: General principles and terminology

[18] International Standards Organization (2005): ISO 11451-2, Road vehicles – Vehicle test methods for electrical disturbances from narrowband radiated electromagnetic energy – Part 2: Off-vehicle radiation sources

[19] International Standards Organization (2013): ISO 11451-4, Road vehicles – Vehicle test methods for electrical disturbances from narrowband radiated electromagnetic energy – Part 4: Bulk current injection (BCI)

[20] International Standards Organization (2005): ISO 11452-1, Road vehicles – Component test methods for electrical disturbances from narrowband radiated electromagnetic energy – Part 1: General principles and terminology

[21] International Standards Organization (2004): ISO 11452-2, Road vehicles – Component test methods for electrical disturbances from narrowband radiated electromagnetic energy – Part 2: Absorber-lined shielded enclosure

[22] International Standards Organization (2001): ISO 11452-3, Road vehicles – Component test methods for electrical disturbances from narrowband radiated electromagnetic energy – Part 3: Transverse electromagnetic (TEM) cell

[23] International Standards Organization (2011): ISO 11452-4, Road vehicles – Component test methods for electrical disturbances from narrowband radiated electromagnetic energy – Part 4: Harness excitation methods

[24] International Standards Organization (2002): ISO 11452-5, Road vehicles – Component test methods for electrical disturbances from narrowband radiated electromagnetic energy – Part 5: Stripline

[25] International Standards Organization (2005): ISO/IEC 17025, General requirements for the competence of testing and calibration laboratories

[26] Schwab A., Kürner W., Elektromagnetische Verträglichkeit, 6., bearbeitete und ergänzte Auflage, Springer, 2011

[27] Weininger R., Elektromagnetische Verträglichkeit, EMV, Automobilelektronik – E-Mobilität, Teil 1 Einführung, Folien zur Vorlesung Elektromagnetische Verträglichkeit im Master E-Mobility, Oktober 2011

[28] Weininger R., Elektromagnetische Verträglichkeit in der Automobilelektronik, Vorlesungsmanuskript für den Master Studiengang Elektromobilität und elektrische Energienetze, Dezember 2012

Abkürzungsverzeichnis

3G	Third Generation
ALSE	Absorber-lined Shielded Enclosure
AM	Amplitude Modulation
AN	Artificial Network
AV	Average
BB	Bandbreite
BCI	Bulk Current Injection
BNN	Bordnetznachbildung
BW	Bandwidth
CB	Citizens' Band Radio
CISPR	Comité International Spécial des Perturbations Radioélectriques
CW	Continuous Wave
DAB	Digital Audio Broadcasting
DGPS	Differential Global Positioning System
DIN	Deutsche Institut für Normung e. V.
DTTV	Digital Terrestrial Television
DUT	Device Under Test
EGSM	Extended Global System for Mobile Communications

EMC	Electromagnetic Compatibility
EMI	Electromagnetic Interference
EMV	Elektromagnetische Verträglichkeit
EN	European Norm
EUT	Equipment Under Test
FFT	Fast Fourier Transform
FM	Frequency Modulation
GPIB	General Purpose Interface Bus
GPS	Global Positioning System
GSM	Global System for Mobile Communications
IEC	International Electrotechnical Commission
IEEE	Institute of Electrical and Electronics Engineers
IF	Intermediate Frequency
IMT	International Mobile Telecommunications
ISO	International Standards Organization
ITU	International Telecommunication Union
ITU-R	International Telecommunication Union Radiocommunication Sector
LISN	Line Impedance Stabilization Network
LO	Local Oscillator
LW	Longwave
MW	Medium Wave

PC	Personal Computer
PCN	Personal Communications Network
PK	Peak
PM	Pulse Modulation
RF	Radio Frequency
RKE	Remote Keyless Entry
SDARS	Satellite Digital Audio Radio Service
SL	Stripline
SW	Shortwave
TEM	Transversal-Elektro-Magnetisch
TV	Television
UHF	Ultra-High Frequency
VHF	Very High Frequency
ZF	Zwischenfrequenz
ZF-BB	Zwischenfrequenz-Bandbreite